AF355660

OBSERVATIONS

RELATIVES

AU DÉSÉVAGE DES BOIS

PAR IMMERSION

DANS LES EAUX SALÉES, ETC.

Par M. L. BESNOU.

Ancien pharmacien en chef de la Marine, à Cherbourg, membre de
l'Institut des provinces, inspecteur de l'Association normande.

CAEN

CHEZ F. LE BLANC-HARDEL, IMPRIMEUR-LIBRAIRE

RUE FROIDE, 2

1867

Extrait de l'Annuaire normand. - Année 1868.

OBSERVATIONS

RELATIVES

AU DÉSÉVAGE DES BOIS PAR IMMERSION

DANS LES EAUX SALÉES, ETC.

Il y a des questions tellement anciennes, d'un intérêt si général et d'une utilité industrielle si journalière, que l'on est tout naturellement porté à les considérer comme ayant été étudiées sous toutes leurs faces et ne devant laisser rien à résoudre, tout aussi bien sous le rapport théorique que sous celui de leur application. Telle me semblait être la question immense du désévage des bois, c'est-à-dire de la substitution de l'eau douce ou de l'eau salée au liquide séveux et à son déplacement total par l'immersion, par suite d'une action capillaire spéciale ou une sorte de circulation désignée par certains néologistes sous les noms un peu ronflants d'*osmose* et d'*endosmose*. Cette substitution, selon eux, s'opérerait sous l'influence de la simple immersion des bois, quelle que fût leur porosité, dans des courants ou dans des masses stagnantes d'eau douce ou salée, et cela avec plus ou moins de promptitude, selon la nature des eaux d'immersion et aussi, sans nul doute, selon la densité de ces bois et leur différence de pénétrabilité, variable d'après l'espèce des éléments constitutifs de la sève.

Les ingénieurs les plus érudits, comme les plus praticiens, sortis de nos grandes écoles techniques, admettent cette substitution comme une chose réelle, et ce remplacement ou balayage de la sève par le liquide ambiant, cette pseudo-circulation artificielle, comme un fait à l'abri de toute discussion et comme nettement constaté et établi.

Assez récemment encore, dans une remarquable brochure qui a pour titre : *Du Dépérissement des coques de navires en bois*, M. de Lapparent, l'un de nos directeurs des constructions navales les plus distingués, homme d'observation et d'études consciencieuses, chargé en chef du service des bois de la marine destinés spécialement à l'architecture navale, consacre, sous le titre II, un assez long chapitre technologique à l'étude de la conservation des bois destinés à nos flottes, et il y traite des modes de *désévage des essences de chêne* par submersion dans les eaux douces et salées. Il compare et discute les avantages et les inconvénients qui peuvent résulter de l'emploi de l'une ou de l'autre sorte de ces eaux, et il attribue leur manière d'agir, et surtout la promptitude de leur action ou le retard de leur substitution, à l'absence ou à la présence des sels et à leur quantité relative, qui communique aux eaux une densité variable et proportionnelle à la somme qui y est dissoute.

Selon ce savant directeur des constructions navales, la sève, en plus des substances salines qui lui donnent une densité supérieure à celle des eaux douces, contient des principes organiques gommeux et albumineux, auxquels il rapporte en grande partie, sinon en totalité, la décomposition de la fibre ligneuse et la détérioration plus ou moins prompte des pièces de bois mises en œuvre. Évidemment, d'après l'opinion de M. de Lapparent, cette altération et la pourriture sèche, ou l'érémacausie de ces bois, commencerait d'autant plus vite et marcherait avec d'autant plus de rapidité, dans les coques de nos navires de guerre, que le désévage aurait été obtenu et pratiqué dans l'eau plus salée.

Le désévage, selon lui et d'après quelques autres observateurs antérieurs, se compléterait beaucoup plus vite dans l'eau douce que dans les eaux saumâtres et *à fortiori* que dans celles de la mer ; et cela, bien entendu, en proportion inverse de la densité de ces eaux comparée à celle de la sève. Ainsi, les eaux douces se substitueraient avec plus de promptitude que les eaux salées, et à tel point que, d'après Evelyn, pour que la pénétration fût complètement accomplie, il ne faudrait guère qu'une *quinzaine de jours* dans une eau douce courante. Toutefois, M. de Lapparent semble en douter fortement, sinon répudier cette assertion ; car il penche et incline pour que l'on continue l'immersion dans l'eau douce courante *pendant une année*, ce qui est bien différent, et pour que la submersion soit de *deux ans*, si l'eau douce n'est que fréquemment *renouvelée*, et *trois* ans si la mare d'immersion est d'eau saumâtre, à la condition encore que l'eau soit *fréquemment renouvelée*. Il ne fixe pas de durée pour le séjour de nos bois de construction dans les mares salées de l'État, soit à Brest, soit à Cherbourg.

Il en résulterait donc un avantage à **employer** au désévage les eaux douces, comme dans la mare de Rochefort, qui appartient à la marine.

D'autre part, les bois conservés ou désévés dans les mares salées de Kerhuon et de Tourlaville, alors qu'ils auraient été mis en œuvre et transformés en coques de vaisseaux, s'altéraient, d'après M. de Lapparent, beaucoup plus vite que ceux désévés dans les eaux douces de la mare de Rochefort. Toute pratique qu'elle est, cette observation de M. de Lapparent doit être uniquement ou réellement considérée comme étant le résultat nécessaire et forcé d'un désévage plus avancé et plus ou moins complet et parfait. Je ne saurais l'admettre, et, bien plus, je suis porté à penser que cette différence dans la durée des bois immergés dans les eaux salées, cette prédisposition spéciale à une pourriture sèche anticipée, n'est pas un fait de désévage proprement dit, ni le fait d'une substitution véritable de l'eau de la mer au liquide séveux; ce serait en quelque façon, à mon sens, nier l'influence conservatrice du sel marin et de quelques autres sels de l'eau de la mer sur les substances organiques en général; comme l'expérience journalière et individuelle nous prouve l'action antiseptique du sel marin sur les matières animales et les viandes si faciles à putréfier, on ne saurait admettre, *par contraire* et *à priori*, qu'il exerce sur la fibre ligneuse, de composition ternaire, peu altérable par elle-même, précisément une action opposée et une influence de destruction que rien n'expliquerait; c'est un effet inverse qu'indique le raisonnement et que justifie chaque jour l'expérience directe.

Serait-ce alors à l'enlèvement incomplet ou à la précipitation des éléments gommeux et albumineux de la sève, par une réaction encore inconnue, qui ainsi les disposerait à la fermentation acide ou ammoniacale sous l'influence de l'air? Rien ne porte à le croire, et je doute fort de la pénétration directe de l'air dans la cellule ou le tissu vasculaire des bois dans les circonstances ordinaires de pression atmosphérique. Mais si l'on tient compte des trois et demi pour cent environ des sels de soude, de chaux et de magnésie, plus spécialement à l'état de chlorure, qui existent dans l'eau de mer et qui sont si puissamment hygrométriques, on y puisera, à mon avis, une explication bien plus naturelle et suffisamment plausible de l'altération plus prompte des bois plongés longtemps dans l'eau de mer. Ils se dessécheraient plus difficilement à l'air, d'une part, et de l'autre, dans les circonstances spéciales d'humidité abondante, ces sels tomberaient en déliquescence, et ainsi ils occasionneraient le maintien d'une humidité notable, qui, avec le concours de l'air et de ses variations de température, produiraient des *mucors* ou champignons divers, que l'on voit se former dans les cavités des charpentes de nos vaisseaux, et qui arrivent à y produire une pourriture plus prompte et une altération plus profonde. Cette manière de voir me semble devoir acquérir plus de force, lorsque j'aurai, dans quelques instants et dans le courant de cette étude, démontré que la *théorie du désévage* est une pure spéculation, ou mieux, que la prétendue circulation par endosmose, dans les bois immergés, est une de ces erreurs scientifiques accréditées et greffées sur des idées préconçues et que vient détruire la puissance de l'expérience chimique et prouver, sans réplique possible, la rigueur de l'analyse. Continuons toutefois encore l'examen de la théorie du désévage, avant d'en venir au résultat définitif que nous venons d'indiquer.

Partant donc de ce principe considéré, ai-je dit, comme bien acquis, le désévage :

Pendant l'immersion des bois dans une eau quelconque et d'une densité variable, il s'établit un courant d'osmose ou d'endosmose (le mot est indifférent) ou, pour plus de clarté, une substitution par suite de laquelle la sève est déplacée et postérieurement remplacée en totalité par le liquide d'immersion ou ambiant. Ce liquide, soit eau douce, soit eau salée, pénètre dans les tissus et dans les vaisseaux, dissout et enlève à la fois les éléments fermentescibles organiques de la sève ainsi que les sels spéciaux qu'elle contient, et cela dans un temps qui variera comme la densité des bois ou leur porosité. Évidemment la pénétration se fera d'autant plus vite, le déplacement et l'enlèvement de la sève seront d'autant plus prompts et s'opéreront dans un temps d'autant plus court que les bois seront d'une essence plus poreuse et moins compacte, et que les éléments de la sève seront plus solubles dans l'eau ; conséquemment, par suite de la place qu'il occupe à la circonférence, d'une part, et aussi par suite de la moindre *compacité* de sa texture, d'autre part, l'aubier sera plus vite désévé, plus promptement pénétré par les eaux d'immersion que le cœur ou *duramen*. Il est bien entendu que les bois des conifères, que toutes les essences ligneuses résinifères résisteront d'une manière quasi-absolue au désévage ; car l'eau ne pourrait que précipiter les sucs résineux et nullement les dissoudre, sous quelque masse réagissante que ce soit.

Partant donc de ce point, répéterai-je, admis dans la science comme fait acquis et indiscutablement démontré, MM. de Robert et de Gérando, ingénieurs de

la marine au port de Cherbourg, me prièrent de re-
chercher si, par un moyen chimique, prompt et facile,
économique et à la portée des agents de leur service, il
ne serait pas possible d'arriver à connaître le *degré de
désévage* des bois de chêne que possède la marine dans
son immense mare salée de Tourlaville, et, par là, cons-
tater au bout de combien d'années d'immersion le désévage serait accompli.

Ce fut avec empressement que j'acceptai la mission
qu'ils me proposaient et que j'accueillis ce nouveau té-
moignage de la confiance de ces fonctionnaires distingués, avec lesquels, pendant ma direction du service
pharmaceutique au port de Cherbourg, j'avais eu depuis
plus de dix-huit ans les plus gracieux rapports. Aussi
mon concours fut-il immédiat. Quoiqu'ils datent de plus
de deux ans, c'est de ces essais que je viens entretenir
la savante Compagnie qui se trouve ici réunie. J'ose
espérer que cette communication pourra encore au-
jourd'hui lui offrir quelque intérêt. Du reste, si en
principes généraux, il est sage de s'abstenir dans le
doute, il serait bien moins sage de douter de la bienveillance qu'est toujours sûr de trouver, parmi les
hommes qui illustrent leur pays par leurs brillants et
utiles travaux, le modeste pionnier qui croit apporter un
nouvel épi pour augmenter la gerbe, si cet épi contient
quelque grain utile. Je me plais donc à compter sur
votre indulgence habituelle et sur votre affectueuse
attention, Messieurs, quand je réfléchis aux importants
corollaires qui en découlent et aux applications que
l'industrie et l'architecture navale en peuvent tirer.

Faisant donc tout d'abord ce raisonnement, à savoir
que la sève contient des principes organiques variés, ex-

tractifs ou muqueux, albumineux et fermentescibles, il
est venu tout naturellement à l'idée de songer à les en-
lever par un agent de dissolution qui ne fût pas sus-
ceptible de les précipiter ni de les altérer par suite
d'incompatibilité chimique ; cet agent auquel on a dû
songer, et disons-le, qui était l'unique auquel on pût
penser, est l'eau ; alors, après sa pénétration et après
le lavage plus ou moins complet des vaisseaux capil-
laires des bois, ces tubes doivent rester gorgés du liquide de déplacement ; or, là où le désévage aura été
complet, là ne se trouveront plus les éléments organiques de la sève, mais bien le liquide d'immersion et les
substances salines qu'il tient en dissolution : le sel marin,
par exemple, qui prédomine dans les eaux de la mer
comme dans le cas dont je viens vous entretenir en ce
moment. Comme par suite de la dessication plus ou
moins avancée du bois après sa sortie de la mare de
Tourlaville, la plus grande partie de l'eau aura disparu
par évaporation à l'air libre, la somme des sels qui sont
fixes n'aura pas disparu pour cela : ils se seront concen-
trés et desséchés dans les tissus. Évidemment, ils y exis-
teront en quantité notable et toujours proportionnelle à
l'état plus ou moins avancé du désévage et de la dessication postérieure du bois, soit à l'air libre, soit par
une chaleur artificielle, à l'étuve, par exemple.

Là où la pénétration aura été complète et absolue,
là ne se trouveront que des résidus salins de l'eau de
mer et surtout le sel marin que nous venons de dire y
prédominer. Ce sel pourra donc y manifester sa présence d'une façon plus ou moins visible et tranchée selon
le réactif auquel on aura recours pour le déceler.

Pour cela, je songeai à employer une solution con-

centrée de sulfate cuivrique; comme par suite de la
double décomposition qui s'opère, lorsqu'on mêle cette
solution cuprique, qui est d'un très-beau bleu, avec
une solution également très-concentrée de sel marin, il
se produit un nouveau sel de cuivre, un chlorure qui,
seul des sels de cuivre solubles, est d'un très-beau vert,
j'espérais arriver en jetant quelques perles de la solution cuivrique sur les diverses parties de la tranche récemment sciée, produire ce changement de couleur et
obtenir, sinon une teinte verte très-prononcée et pure,
du moins une dégradation de la couleur bleue d'autant
plus marquée et virant au vert d'autant plus prononcé
que le bois aurait été mieux désévé, c'est-à-dire plus
imprégné d'eau de mer, et conséquemment plus riche
en sel marin. La teinte bleue de la solution de sulfate
de cuivre s'altéra et je vis apparaître une nuance verte
assez marquée pour que les assistants à l'expérience
crussent le problème résolu; mais habitué aux essais de
laboratoire, cette expérience n'était pas pour moi con-
cluante : aussi, voulant acquérir la certitude que ce vire-
ment de couleur était bien le résultat d'une double décomposition des deux sels, je m'empressai de répéter
l'essai sur des bois qui n'avaient pas dû être plongés dans
l'eau de mer, et je reconnus que la nuance verte était
due à une réflexion de la couleur un peu jaune du bois
au travers de la perle bleue de la solution cuivrique.
C'était là un échec, ou du moins de cette expérience il
ne pouvait être tiré aucune certitude ; il n'y avait rien
d'assez concluant, rien d'absolument positif.

Tout naturellement je fus conduit à substituer à la
solution de cuivre une solution d'azotate d'argent, et
en cela me fondant sur la formation d'un précipité plus

ou moins abondant de chlorure d'argent qui résulterait
de la double réaction du sel marin ou chlorure de sodium et du sel d'argent. Le précipité formé aurait dû
être blanc, cailleboté d'abord, puis se colorer en violet
à la lumière ; ces phénomènes n'apparurent pas : au
lieu du précipité cailleboté d'abord, devant se colorer
en violâtre à la lumière, j'eus une décomposition profonde et bien différente de l'azotate d'argent. Le bois se
colora en noir dans les diverses parties de la tranche
où j'avais laissé tomber des perles incolores, et cela
dans un instant et avec une intensité égale sur quelque
partie de la tranche que fût la perle liquide. Si j'éprouvai
là un nouvel échec, j'en retirai une induction et une
curieuse observation que je me hâtai de vérifier.

J'attribuai tout de suite cette profonde altération du
sel d'argent instantanément opérée, non pas aux principes muqueux ou albumineux de la sève, mais bien à
la présence et à la conservation entière et absolue dans
les diverses couches concentriques du bois, soit de l'aubier, soit du cœur, d'un élément éminemment altérable
et fermentescible, le tannin dont ne parle pas le savant
directeur des constructions navales chargé du service
des bois pour la France.

Pour acquérir la certitude de la conservation du
tannin et de ses dérivés, j'eus recours à l'emploi d'une
solution de chlorure ferrique, et, ainsi que je l'avais
prévu, j'obtins à l'instant sur les diverses parties de sa
tranche une belle couleur noire due à la formation
d'un tannate de fer et à la formation d'une encre véritable.

De cette curieuse réaction, de cette manifestation,
ressort un enseignement précieux et la constatation d'un

fait inconnu et important : à savoir que l'élément tannique est parfaitement conservé dans l'aubier comme dans le *duramen ;* et comme ce principe immédiat organique est des plus facilement altérables, que sa fermentation spéciale est des plus promptes, il en résulte cette conséquence forcée que le bois, proprement dit, l'essence ligneuse, n'avait dû éprouver aucune altération, et que l'immersion dans l'eau l'avait préservée, à bien plus forte raison que le tannin, des pourritures sèches ou humides.

L'immersion des bois dans l'eau est donc un procédé sûr et certain de les conserver presque indéfiniment.

Après ces échecs successifs, il restait encore une planche de salut que, comme chimiste, je savais devoir réussir infailliblement ; mais le mode d'analyse auquel je devais recourir n'est point d'une application ni d'une pratique facile dans nos ateliers de construction de la marine : il exige des appareils, des manipulations, beaucoup de temps et de soin. Il ne pourrait donc être confié à nos maîtres ou contre-maîtres des ports ; il ne saurait être effectué que dans un laboratoire de chimie. Ce mode consiste dans la recherche et le dosage des sels de l'eau de mer après l'incinération de parties prises, soit à la circonférence, soit dans des zones plus rapprochées de l'axe ou du centre.

Pour faire ces essais, qui nécessairement dans les données théoriques du désévage devaient fournir des résultats certains et comparatifs, je fis préparer un certain nombre de cubes ou échantillons de bois, soit sans immersion, soit après immersion, et dont cette immersion eût eu une durée variée. Il me fut envoyé par M. de Robert, d'une part, deux cubes de bois non immergé, non désévé, et ayant séché à l'air; d'autre part, huit cubes de même volume ayant été immergés dans la mare salée de Tourlaville depuis quatre à douze ans de séjour; chacun . de ces cubes avait cinq centimètres d'équarissage. J'en pris le poids exact.

Je les plaçai tous et en même temps dans une étuve à eau bouillante sous laquelle j'entretins pendant six jours un feu constant jour et nuit; puis, quand par suite de pesées comparatives et répétées, je vis que la dernière et l'avant-dernière pesée donnaient le même chiffre et étaient absolument identiques, je les repesai successivement tous avec une balance d'une grande précision et, par comparaison et déduction, j'obtins et constatai ainsi la proportion d'eau dont chaque échantillon était imprégné, et, par suite, la composition de l'eau de la Manche m'étant bien connue, je pouvais déterminer et calculer la quantité de résidu salin que devait laisser l'incinération de chaque cube et ainsi juger si, au bout de quatre, six, neuf et douze ans, la pénétration avait varié, et au bout de quel espace de temps le désévage avait été complètement opéré. Quelle ne fut pas ma surprise quand je reconnus que j'obtenais des résultats aussi imprévus que ceux que, pour plus de clarté et de facilité à consulter, je crois devoir résumer dans le tableau synoptique suivant. On pourra ainsi juger d'un coup-d'œil les analogies et les différences que présentent les divers échantillons soumis à l'incinération.

N°s D'ORDRE.	PARTIE DE LA PIÈCE D'OU PROVIENT LE CUBE DE BOIS.	DURÉE DE L'IMMERSION.	POIDS ABSOLU DU CUBE DE BOIS AVANT L'ÉTUVAGE.	POIDS ABSOLU DU CUBE DE BOIS APRÈS L'ÉTUVAGE.	EAU ÉVAPORÉE PAR L'ÉTUVAGE.	QUANTITÉ DES SELS DE L'EAU DE MER CORRESPONDANT A L'EAU ÉVAPORÉE.	POIDS ABSOLU DE LA CENDRE.	POIDS NORMAL DE LA CENDRE DES BOIS DE CHÊNE d'après Henri Violette.	PROPORTION EN 100es DE L'EAU ÉVAPORÉE COMPARÉE AU BOIS SEC.	OBSERVATIONS.
1	Extérieur.	Conservés à l'air et non immergés.	gr. 97.50	gr. 79.10	gr. 18.40	g. »	gr. 0.43	gr. 0.32 (B)	gr. 23.26	(A) Dans le n° 2, il s'est trouvé une notable quantité de sable fin , ce qui explique la différence énorme dans le poids de la cendre obtenue.
2	Cœur.		106.»»	85.10	20.90	»	0.50 (A)	0.34	24.54	
3	Extérieur.	4 ans.	143.50	82.80	60.70	2.20	0.32	0.35	77.30	(B) La quantité de cendre indiquée comme normale dans le bois de chêne est calculée sur quatre millièmes admis comme moyenne obtenue avec les diverses essences de chêne d'après Henri Violette.
4	Cœur.	Id.	136.70	79.20	57.50	2.08	0.27	0.32	72.56	
5	Extérieur.	6 ans.	134.»»	73.20	60.80	2.21	0.13	0.28	82.90	(C) Les 16 gr. 83 cent. de sels de l'eau de mer représentent sensiblement 11 gr. de sel marin ou 25 gr. 45 cent. de chlorure d'argent ; le résidu 1 gr. 89 cent., qui représente les divers sels d'incinération, est formé en grande partie de carbonates de chaux et de potasse ; repris par l'acide azotique, il n'a donné que deux dix-millièmes de chlorure d'argent , tandis que si ce résidu eût été dû aux sels de l'eau de mer, on aurait obtenu 1 gr. 25 cent. de chlorure d'argent. L'eau de mer n'a donc pas pénétré dans ces échantillons. L'eau qui les imprègne est donc de l'eau de végétation qui s'y est trouvée conservée.
6	Cœur.	Id.	137.90	81.»»	56.90	2.03	0.13	0.32	70.02	
7	Extérieur.	9 ans.	146.30	88.30	58.»»	2.05	0.22	0.35	65.70	
8	Cœur.	Id.	139.60	84.20	55.40	2.01	0.22	0.34	65.80	
9	Extérieur.	12 ans.	146.65	84.60	62.05	2.25	0.33	0.34	73.36	
10	Cœur.	Id.	133.50	77.80	55.70	2.02	0.29	0.34	71.73	
TOTAUX.........			1118.45	651.10	467.05	16.83 (C)	1.89	2.79	»	

MOYENNE de l'eau d'imprégnation........ 72.45 °/₀

L'observation de ce tableau et les conclusions à tirer de l'ensemble de ces recherches analytiques conduisent aux faits indiscutables qui suivent:

1° La quantité totale des cendres obtenues par l'incinération des huit cubes immergés dans l'eau salée de la mare de Tourlaville, pendant une période moyenne de huit ans, prouve de la façon la plus péremptoire que l'eau de mer qui constitue cette mare n'a nullement pénétré dans le système vasculaire de ces bois, pas même à la profondeur de quelques centimètres des surfaces d'équarissage;

2° La nature des résidus de l'incinération est étrangère à l'eau de mer; leur essai chimique y démontre presque uniquement la présence des carbonates de chaux et de potasse que l'on retrouve dans les cendres de bois de chêne et de plus dans une proportion absolument analogue à celle indiquée pour les essences de chêne dans les ouvrages spéciaux;

3° Il y a absence presque absolue du chlorure de sodium et des autres sels qui caractérisent les eaux de la mer. Le sel marin existe pour plus de moitié dans les 3,67 pour cent de sels divers que contient l'eau de mer de la Manche.

La somme des résidus de ces huit incinérations aurait formé un total de dix-sept grammes, si les quatre cent soixante-sept grammes cinq centigrammes d'eau évaporée par l'étuvage eussent été de l'eau de mer; tandis que la somme totale de ces huit incinérations n'est que de un gramme quatre-vingt-neuf centigrammes, ce qui ne présente pas même la moyenne admise comme normale dans le bois de chêne.

Le léger trouble obtenu par l'addition de la solution

d'azotate d'argent dans la dissolution azotique de l'un de ces résidus plus spécialement, provient sans nul doute possible d'un peu d'eau salée ayant pénétré par une fissure, ou d'une autre cause absolument étrangère. Il n'y a pas eu certainement dans cet échantillon, pas plus que dans les sept autres, pénétration par suite d'endosmose. Cette quantité, à bien dire impondérable, ne se retrouvant que dans un seul échantillon, prouve de la manière la plus évidente et la plus irréfutable qu'il n'y a eu aucune substitution de l'eau de la mer au liquide qui constitue la sève. La quantité de chlorure d'argent, correspondant à la somme de l'eau évaporée pendant l'étuvage, eût été très-certainement pour ce seul échantillon plus que décuple de celle qui a été constatée;

4° Conséquemment et comme conclusion, l'eau de mer et les sels qu'elle contient ne sont pas les agents de conservation de nos bois de construction ou d'architecture navale immergés dans la mare de Tourlaville, pas plus que dans celles de la Penfeld et de l'anse de Kerhuon, à Brest.

L'eau douce aurait-elle une action différente et fournirait-elle par elle-même un agent sérieux de conservation? Pénétrerait-elle réellement dans les vaisseaux de nos bois, alors que, en raison de leur densité un peu plus élevée, les eaux de la mer ne le pourraient? Rien n'est, en vérité, moins probable : il n'y a aucune raison plausible de l'admettre. En effet, quoique la densité des eaux douces soit un peu moindre que celle des eaux de la mer, comment expliquer son introduction par endosmose ou par un courant quelconque dans le tissu vasculaire des bois ou par une sorte de dialyse? Je regrette vraiment de ne pouvoir partager en cela la théorie et par suite l'opinion émise par M. de Lapparent, dont l'amitié et la bienveillance ont pour moi le plus grand prix. A ce sujet, qu'il me soit permis d'en déduire les motifs et d'invoquer une observation bien facile à vérifier. Elle est à la portée de tout le monde et fort connue. Elle me semble de nature à devoir faire justice de l'idée, depuis si longtemps et si généralement accréditée, du désévage des bois.

Qui n'a remarqué, en maniant quelques thermomètres, la difficulté que l'on éprouve, même en recourant à une action centrifuge puissante et quelque temps continuée, pour réunir la petite colonne thermométrique séparée par une petite bulle d'air ou de vapeur? Or, comment se ferait-il, en admettant le tissu vasculaire des bois comme un tube continu, qu'une pièce de bois longue de sept à huit mètres, par exemple, placée horizontalement dans une mare, soit d'eau douce, soit d'eau salée, soit que le liquide soit ambiant ou bien qu'il soit stagnant, puisse être lavée et pénétrée par suite d'un courant intérieur du liquide d'immersion? Cela est impossible. Car si le courant, par sa rapidité, tend de prime abord à déplacer et à chasser en avant la colonne d'air ou la bulle d'air dans le tube capillaire, et à l'entraîner dans le sens de sa course, est-ce que bientôt ce courant ne viendra pas exercer une réaction et faire une pression égale à l'autre extrémité du tube capillaire ou de la pièce de bois immergée? Alors la bulle d'air se trouvera forcément emprisonnée à jamais ; à plus forte raison, dans une eau stagnante, cet effet sera nécessairement produit. Ce qui se passe pour l'air, dont la mobilité est bien plus grande que celle d'un liquide, aura lieu pour le liquide de la sève : et cependant ici je raisonne dans le fait d'un tube capillaire continu et droit, tandis que le système du tissu vasculaire des dicotylés ligneux, des bois denses, est anastomosé et séparé par des cloisons infranchissables et inabordables par les courants d'eau, et à plus forte raison par le contact des eaux stagnantes.

D'autre part, si l'on veut bien réfléchir avec quelle lenteur et avec quelle difficulté s'opère l'injection des bois sous l'influence même d'une énergique pression, si l'on tient compte de l'insuccès que l'on constate sur les bois qui sont d'une essence dure, on est conduit à nier complètement la possibilité de la pénétration par endosmose dans le tissu vasculaire, si ce n'est quand on opère sur des bois vivants et munis de leurs feuilles qui déterminent l'aspiration. Dans le cas de l'injection des bois équarris et étuvés, le liquide d'injection ne pénètre pas dans les vaisseaux, mais il s'infiltre dans les fissures ou fentes longitudinales qu'ont produites l'étuvage ou la dessiccation à l'air. Cela est si vrai que, assez récemment encore, et c'est M. de Lapparent qui m'a fourni l'occasion de le vérifier, sur des copeaux de diverses essences qu'il me remit et dont il croyait la sulfatisation au cuivre bien faite, je n'ai pu déceler la présence de ce sel par les moyens les plus sensibles. Non-seulement l'ammoniaque, qui cependant est d'une grande sensibilité, mais le cyanoferrure de potassium, dont elle va jusqu'au millionième, restèrent muets, mais après l'incinération d'une autre partie de ces copeaux et la reprise des cendres par l'acide azotique, ces réactifs et la pile donnèrent le même résultat négatif.

Donc encore, d'après cela, on ne peut admettre l'enlèvement et la disparition des éléments organiques et salins de la sève des végétaux, et la pénétration du li-

quide d'injection. Ce n'est donc pas au désévage, qui
devient une erreur, qu'il faut rapporter la conservation
des bois sous les eaux douces ou salées. La théorie du
désévage me semble devoir crouler de fond en comble.

A quelle cause alors attribuer cette conservation des
bois dans l'une ou l'autre de ces eaux? Évidemment, à
la privation et à la préservation absolue qu'elles opèrent
du contact direct des bois d'avec les diverses actions ou
forces décomposantes qui résultent de la présence simul-
tanée ou successive de l'air et de la chaleur, qui, con-
curremment avec une certaine proportion d'humidité,
amènent l'érémacausie ou la pourriture sèche, soit dans
les caves, soit dans les lieux clos et où l'air ne peut se
renouveler. C'est en les isolant de ces influences combu-
rantes et catalytiques, assez complexes et bien peu con-
nues, que je viens de résumer.

Corollaires. — 1° La sulfatisation des bois denses par
immersion me semble impossible ; celle des bois d'une
essence plus poreuse doit être elle-même très-impar-
faite. C'est, je le pense, par les fissures ou les fentes
longitudinales que produit la dessiccation artificielle que
doit pénétrer le liquide antiseptique, et non par l'action
endosmosique qui se produit dans les bois vivants, et
ainsi se trouverait expliquée la courte durée des poteaux
télégraphiques.

2° Il ne faut pas songer, du moins économiquement,
et par cette méthode, à rendre les bois imputrescibles et
ininflammables : c'est ce que j'ai parfaitement constaté
en 1838 dans des expériences directes que je fis à ce
sujet. La solution saline ne pénètre pas. De plus, comme
sous l'influence de la chaleur, d'un degré peu intense.

le bois, en se décomposant, laisse distiller et dégager
des essences pyrogénées et des gaz hydrocarburés qui
s'enflamment nonobstant le sel préservateur, l'ininflam-
mabilité n'est que passagère ; l'incendie se rallume
bientôt et l'on voit se produire ces flammes courantes,
ces sortes de feux-follets que l'on observe si souvent sur
les poutres et les solives, dont la combustion continue in-
térieurement à la suite d'une aspersion d'eau insuffisante
et d'une extinction du feu qui n'est qu'apparente et su-
perficielle.

Caen, typ. F. Le Blanc-Hardel.